동물보건 실습지침서

의약품관리학 실습

김현주·윤서연 저

김옥진·배동화·손부용·안재범·오승민
오희경·이경동·정이랑 감수

박영story

머리말

최근 국내 반려동물 양육인구 증가에 따라, 인간과 더불어 사는 동물의 건강과 복지 증진에 관한 산업 또한 급성장을 이루고 있습니다. 이에 양질의 수의료서비스에 대한 사회적 요구는 필연적이며, 국내 동물병원들은 동물의 진료를 위해 진료 과목을 세분화하고, 숙련되고 전문성 있는 수의료보조인력을 고용하여, 더욱 체계적이고 높은 수준으로 수의료진료서비스 체계를 갖추고 있습니다.

2021년 8월 개정된 수의사법이 시행됨에 따라, 2022년 이후부터는 매년 농림축산식품부에서 주관하는 국가자격시험을 통해 동물보건사가 배출되고 있습니다. 동물보건사는 동물에 대한 관찰, 체온·심박수 등 기초 검진 자료의 수집, 간호판단 및 요양을 위한 간호 등 동물 간호 업무와 약물도포, 경구투여, 마취·수술의 보조 등 동물 진료보조 업무를 수행하고 있습니다.

동물보건사 양성기관은 일정 수준의 동물보건사 양성 교육 프로그램을 구성하고, 동물보건사 필수교과목에 해당하는 교내 실습교육이 원활하고 전문적으로 이뤄질 수 있도록 교육 시스템을 마련해야 할 것입니다. 본 실습지침서는 동물보건사 양성기관이 체계적으로 동물보건사 실습교육을 원활하게 지도할 수 있도록 학습목표, 실습내용 및 준비물 등을 각 분야별로 빠짐없이 구성하였습니다. 또한 학생들이 교내 실습교육을 이수한 후 실습내용 작성 및 요점 정리를 할 수 있도록 실습일지를 제공하고 있습니다.

앞으로 지속적으로 교내실습 교육에 활용할 수 있는 교재로 개선해 나갈 것이며, 이 교재가 동물보건사 양성기관뿐만 아니라 동물보건사가 되기 위해 준비하는 학생들에게도 유용한 자료가 되기를 바랍니다.

2023년 3월
저자 일동

학습 성과	
학 교	
실습학기	
지도교수	
학 번	
성 명	

실습 유의사항

 실습생준수사항

1. 실습시간을 정확하게 지킨다.
2. 실습수업을 하는 동안 항상 실습지침서를 휴대한다.
3. 학과 실습 규정에 따라 실습에 임하며 규정에 반하는 행동을 하지 않는다.
4. 안전과 감염관리에 대한 교육내용을 사전 숙지한다.
5. 사고 발생시 학과의 가이드라인에 따라 대처한다.
6. 본인의 감염관리를 철저히 한다.
7. 실습 후 사용한 물품은 제자리에 정돈한다.

실습일지 작성

1. 실습 날짜를 정확히 기록한다.
2. 실습한 내용을 구체적으로 작성한다.
3. 실습 후 토의 내용을 숙지하여 작성한다.

실습지도

1. 학생이 이론과 실습이 균형된 경험을 얻을 수 있도록 이론으로 학습한 내용을 확인한다.
2. 실습지침서에 기록된 사항을 고려하여 지도한다.
3. 실습하는 과정 전체를 확인하여 실습 내용 및 태도를 평가한다.
4. 모든 학생이 골고루 실습 수업에 참여할 수 있도록 지도한다.
5. 학생들의 안전에 유의하며 사고 발생 시 실습 규정에 따라 지도한다.
6. 실습 지도자의 감염 관리 및 안전에 유의한다.

실습성적평가

1. _____시간 결석시 _____점 감점한다.
2. _____시간 지각시 _____점 감점한다.
3. _____시간 결석시 성적 부여가 불가능(F) 하다.

* 실습성적평가체계는 각 실습기관이 자체설정하여 학생들에게 고지한 후 실습을 이행하도록 한다.

주차별 실습계획서

주차	학습 목표	학습 내용
1	약과 약리학에 대한 정의 및 체내 동태 이해하기	- 약리작용에 대해 알고 있다. - 약의 정의, 약리작용에 대한 기초지식을 전달할 수 있다. - 약물 용량-반응 상관성을 이해할 수 있다. - 약의 체내 동태에 대해 알고 있다. - 약물의 세포내 전달과정, 약물의 이동에 대해 이해할 수 있다. - 약물의 유해작용에 대하여 설명할 수 있다. - 투여, 흡수, 대사, 배출에 대하여 설명할 수 있다.
2	처방전 이해하기	- 처방전을 이해할 수 있다. - 처방전에 나오는 의학 용어 및 약어를 이해할 수 있다. - 처방전의 지시사항을 보호자에게 설명할 수 있다.
3	약물 조제 보조하기-1	- 수의사의 약물조제를 보조할 수 있다. - 약물계산법을 이해할 수 있다. - 다양한 단위와 약물의 용량계산법을 예시를 통해 학습할 수 있다.
4	약물 조제 보조하기-2	- 수의사의 약물조제를 보조할 수 있다. - 약물의 조제시 필요한 조제도구를 익힌다. - 다양한 약물의 분류와 작용을 이해할 수 있다.
5	약물 관리하기	- 약물의 종류에 따른 보관과 관리 방법을 이해할 수 있다. - 약물의 보관과 재고관리를 이해한다. - 약물 취급 및 마약류관리 보조자 업무를 이해한다.
6	약물 폐기하기	- 올바른 약물 폐기 처리 방법을 이해할 수 있다.
7	호흡기계 질환에 사용되는 약물을 이해하고 투약 보조하기	- 호흡기계 질환에 사용되는 약물의 기전과 종류에 대해 이해할 수 있다. - 호흡기계 질환에 사용되는 약물의 준비과정을 설명할 수 있다. - 호흡기계 질환에 사용되는 약물의 투여법을 이해할 수 있다. - 호흡기계 질환에 사용되는 약물의 투여를 보조할 수 있다. - 호흡기계 질환에 사용되는 약물의 경구투약 방법과 주의사항을 이해할 수 있다. - 호흡기계 질환에 사용되는 흡입제의 투약방법과 주의사항을 이해할 수 있다.

주차	학습 목표	학습 내용
8	신장과 비뇨기계 질환에 사용되는 약물을 이해하고 투약 보조하기	- 신장과 비뇨기계 질환에 사용되는 약물의 기전과 종류에 대해 이해할 수 있다. - 신장과 비뇨기계 질환에 사용되는 약물의 준비과정을 설명할 수 있다. - 신장과 비뇨기계 질환에 사용되는 약물의 투여법을 이해할 수 있다. - 신장과 비뇨기계 질환에 사용되는 약물의 투여를 보조할 수 있다. - 신장과 비뇨기계 질환에 사용되는 약물의 경구투약 방법과 주의사항을 이해할 수 있다.
9	심혈관계 질환에 사용되는 약물을 이해하고 투약 보조하기	- 심혈관계 질환에 사용되는 약물의 기전과 종류에 대해 이해할 수 있다. - 심혈관계 질환에 사용뇌는 약물의 준비과정을 설명할 수 있나. - 심혈관계 질환에 사용되는 약물의 투여법을 이해할 수 있다. - 심혈관계 질환에 사용되는 약물의 투여를 보조할 수 있다. - 심혈관계 질환에 사용되는 약물의 경구투약 방법과 주의사항을 이해할 수 있다.
10	위장관계 질환에 사용되는 약물을 이해하고 투약 보조하기	- 위장관계 질환에 사용되는 약물의 기전과 종류에 대해 이해할 수 있다. - 위장관계 질환에 사용되는 약물의 준비과정을 설명할 수 있다. - 위장관계 질환에 사용되는 약물의 투여법을 이해할 수 있다. - 위장관계 질환에 사용되는 약물의 투여를 보조할 수 있다. - 위장관계 질환에 사용되는 약물의 경구투약 방법과 주의사항을 이해할 수 있다.
11	호르몬, 내분비 및 생식기계 질환에 사용되는 약물을 이해하고 투약 보조하기	- 호르몬, 내분비 및 생식기계 질환에 사용되는 약물의 기전과 종류에 대해 이해할 수 있다. - 호르몬, 내분비 및 생식기계 질환에 사용되는 약물의 준비과정을 설명할 수 있다. - 호르몬, 내분비 및 생식기계 질환에 사용되는 약물의 투여법을 이해할 수 있다. - 호르몬, 내분비 및 생식기계 질환에 사용되는 약물의 투여를 보조할 수 있다. - 호르몬, 내분비 및 생식기계 질환에 사용되는 약물의 경구투약 방법과 주의사항을 이해할 수 있다. - 호르몬, 내분비 및 생식기계 질환에 사용되는 외용제의 투약방법과 주의사항을 이해할 수 있다.

주차	학습 목표	학습 내용
12	안과와 귀 질환에 사용되는 약물을 이해하고 투약 보조하기	- 안과와 귀 질환에 사용되는 약물의 기전과 종류에 대해 이해할 수 있다. - 안과와 귀 질환에 사용되는 약물의 준비과정을 설명할 수 있다. - 안과와 귀 질환에 사용되는 약물의 투여법을 이해할 수 있다. - 안과와 귀 질환에 사용되는 약물의 투여를 보조할 수 있다. - 안과와 귀 질환에 사용되는 약물의 경구투약 방법과 주의사항을 이해할 수 있다. - 안과와 귀 질환에 사용되는 외용제의 투약방법과 주의사항을 이해할 수 있다.
13	피부 질환에 사용되는 약물을 이해하고 투약 보조하기	- 피부 질환에 사용되는 약물의 기전과 종류에 대해 이해할 수 있다. - 피부 질환에 사용되는 약물의 준비과정을 설명할 수 있다. - 피부 질환에 사용되는 약물의 투여법을 이해할 수 있다. - 피부 질환에 사용되는 약물의 투여를 보조할 수 있다. - 피부 질환에 사용되는 약물의 경구투약 방법과 주의사항을 이해할 수 있다. - 피부 질환에 사용되는 외용제의 투약방법과 주의사항을 이해할 수 있다.
14	통증과 염증 완화에 사용되는 약물을 이해하고 투약 보조하기	- 통증과 염증 완화에 사용되는 약물의 기전과 종류에 대해 이해할 수 있다. - 통증과 염증 완화에 사용되는 약물의 준비과정을 설명할 수 있다. - 통증과 염증 완화에 사용되는 약물의 투여법을 이해할 수 있다. - 통증과 염증 완화에 사용되는 약물의 투여를 보조할 수 있다. - 통증과 염증 완화에 사용되는 약물의 경구투약 방법과 주의사항을 이해할 수 있다. - 통증과 염증 완화에 사용되는 기타 형태 약물의 투약방법과 주의사항을 이해할 수 있다.
15	신경계 질환에 사용되는 약물을 이해하고 투약 보조하기	- 신경계 질환에 사용되는 약물의 기전과 종류에 대해 이해할 수 있다. - 신경계 질환에 사용되는 약물의 준비과정을 설명할 수 있다. - 신경계 질환에 사용되는 약물의 투여법을 이해할 수 있다. - 신경계 질환에 사용되는 약물의 투여를 보조할 수 있다. - 신경계 질환에 사용되는 약물의 경구투약 방법과 주의사항을 이해할 수 있다. - 신경계 질환에 사용되는 기타 다른 형태 약물의 투약방법과 주의사항을 이해할 수 있다.

주차	학습 목표	학습 내용
16	주사 투여 보조하기	- 처방전을 이해하고 수의사의 주사투여를 보조할 수 있다. - 다양한 주사기의 종류를 이해할 수 있다.
17	수액 처치 보조하기	- 처방전을 이해하고 수의사의 수액처치를 보조할 수 있다. - 다양한 수액의 종류를 이해할 수 있다. - 수액 투여에 필요한 장비를 이해할 수 있다.
18	치료용 영양제 투여 보조하기	- 처방전을 이해하고 수의사의 치료용 영양제 투여를 보조할 수 있다. - 다양한 치료용 영양제의 종류를 이해할 수 있다.
19	독성물질 안전 이해하고 보호자에게 설명하기	- 일상에서 발생할 수 있는 중독을 예방하는 방법을 보호자에게 설명할 수 있다. - 독성학을 이해할 수 있다. - 동물을 이용한 독성실험과정을 이해할 수 있다. - 일상에서 발생할 수 있는 중독을 예방하는 방법을 보호자에게 설명할 수 있다.
20	복약지도하기	- 다양한 약물이 처방된 동물의 보호자에게 투약방법을 설명할 수 있다. - 보호자에게 투약법에 대해 주의사항을 설명할 수 있다. - 보호자에게 약물 보관방법에 대해 설명할 수 있다.

차례

동물보건 실습지침서

✦

의약품관리학 실습

박영story

학습목표

- 약의 정의, 약리작용에 대한 기초지식을 전달할 수 있다.
- 약물 용량-반응 상관성을 이해할 수 있다.
- 약의 체내 동태에 대해 알고 있다.
- 약물의 세포내 전달과정, 약물의 이동에 대해 이해할 수 있다.
- 약물의 유해작용에 대하여 설명할 수 있다.
- 투여, 흡수, 대사, 배출에 대하여 설명할 수 있다.
- 약물을 분류, 관리 및 폐기 처리 할 수 있다.

PART
01

수의약리작용 이해 및 약물 관리

약과 약리학에 대한 정의 및 체내 동태

🐾 실습개요 및 목적

이론으로 학습한 약의 정의와 약물 용량-반응 상관성 등 약리 작용과 세포내 전달과정, 약물의 이동에 대한 이론을 바탕으로 약물의 투여, 흡수, 대사, 배출 및 약물의 유해작용과 관련된 기관들을 모형을 활용하여 살펴보고 자세한 기전을 이해하고 설명해 본다. 또한 약물의 작용과 대사 및 배설 과정에 대한 이해를 통해 동물병원에서 적용 가능한 약물 관련 실무 능력을 갖춘 동물보건사의 역량을 함양한다.

🐾 실습준비물

분리형 장기모형 (개, 고양이)		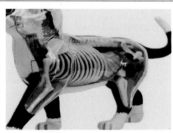
동물 피부 모형		
동물 귀 모형	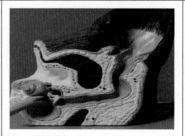	

1. 약물의 흡수 과정 및 체내 분포에 대해 학습한 내용을 확인하기 위하여 분리형 장기 모델을 활용하여 약물의 흡수와 분포와 관련된 동물의 각 기관의 구조와 기능을 학습한다.

2. 소화관을 통한 약물 흡수 과정을 이해하기 위해 장기 모형을 활용하여 소화관 구조와 기능을 학습하고 소화관을 통한 약물의 흡수 경로를 학습한다.
   (1) 소화관에서의 약물 흡수: 약물의 소화관 흡수 영향을 미치는 요인
   (2) 비경구 흡수: 구강, 직장, 비점막, 피부, 호흡기, 안구 등

3. 구강/직장/비점막/경피/눈 등 비경구 약물 흡수 과정을 이해하기 위해 동물 피부 모형 및 귀, 눈 모형을 활용하여 비경구 약물의 다양한 흡수 경로를 학습한다.

4. 간, 신장, 담즙 등에서의 약물 대사 및 배설 과정을 이해하기 위하여 분리형 장기 모형을 활용하여 약물 대사와 관련된 간, 신장의 구조와 기능을 학습한다.
   (1) 대사과정의 역할: 약리 활성화 기능, 독성 발현 기전 및 소실 경로로서의 대사
   (2) 약물 대사 장기와 대사 효소: 간에서의 약물 대사, 세포 내 부위, 약물 대사 효소의 종류와 역할, 간 외 대사
   (3) 약물 대사에 미치는 영향 요인: 약물 대사의 고려사항, 환경적 요인에 의한 약물 대사의 변동
   (4) 신배설: 신장의 구조, 약물의 신배설 기구, 신 클리어런스, 신질환에 있어서 약물의 신배설, 약물의 신독성
   (5) 담즙배설 및 기타 신 외 배설: 담즙의 생성, 약물의 간이행, 약물의 담즙 중 배설, 기타 신 외 배설

5. 동물의 몸에 투여된 약물의 시간 경과에 따른 흡수와 분포, 대사 및 배설 과정에 대해 조원들끼리 설명하고 토의한다.

실습 일지

실습 날짜	. . .

실습 내용	
토의 및 핵심 내용	

교육내용 정리

02

처방전 이해

실습개요 및 목적

이론으로 학습한 처방전의 내용을 파악하고 관련 의학 용어 및 약어를 이해할 수 있도록 한다. 이를 통해 처방전에서 지시된 내용으로 약물 조제 방법을 이해하고 나아가 보호자에게 처방전의 내용을 설명할 수 있는 역량을 함양한다.

실습준비물

동물병원 차트 프로그램 (컴퓨터에 장착)	 인투벳	 우리엔
처방전 예시		

실습방법

1. 처방전 발급에 대해 이해하고 처방전의 포함 항목을 숙지한 후 예시된 처방전을 보고 포함항목에 대해 확인하고 조원끼리 토의한다.
   (1) 처방전 발급일
   (2) 처방대상 동물 이름
   (3) 동물의 보호자 인적사항

  (4) 동물병원 명칭, 전화번호, 사업자등록번호

  (5) 처방전을 작성하는 수의사 성명, 면허번호

  (6) 처방약품 성분명, 투여용량, 투여일수(처방일수), 투여시간, 투여용법, 판매 수
   량(약품의 포장단위)

2. 진료기록부와 처방전의 차이를 이해한다.

3. 전자 차트 프로그램의 처방전 항목을 확인하고 실습한다.

4. 처방전에 쓰이는 의약용어 및 관련 약어를 숙지한다.

5. 예시된 처방전의 포함 항목과 관련하여 조원들과 함께 동물보건사가 보호자를 대
  하는 것처럼 모의 설명을 하고 토의한다.

실습 일지

실습 날짜	. . .

실습 내용	
토의 및 핵심 내용	

교육내용 정리

03

약물 조제 보조-1

실습개요 및 목적

약물의 조제 보조와 관련하여 실제 조제량을 계산해보면서 동물병원에서 약물 조제 보조를 위한 실무 능력을 갖춘 동물보건사의 역량을 함양한다.

실습준비물

계산기 (약물 조제량, 투여량 계산)		
처방전 예시		

실습방법

1. 처방된 약물에 사용되는 약어를 이해한다.
2. 미터법 및 기타 측정법들의 단위를 서로 환산할 수 있도록 한다.
   (1) 무게 (lb, killogram, gram, microgram 등)
   (2) 부피 (microliter, mL, L 등)
   (3) 길이 (inch, mm, m 등)
   예시 문제) 3lb인 강아지는 몇 kg인가?

3. 퍼센트 농도를 이해할 수 있도록 한다.

    예시 문제 1) 현재 액체 약물이 1:20 비율로 물에 희석되어 있다면 몇 %의 약물인가?

    예시 문제 2) 0.9% 식염수를 2L 만들려고 한다. 이때 필요한 염화나트륨은 몇그램인가?

4. 예시된 처방전을 해석하고 환자의 1회 투여량(dosage)을 계산한다.

    예시 문제) 체중이 5kg인 강아지에게 A 약물의 지시용량(dose)이 10mg/kg으로 처방되었다면 A 약물의 1회 투여량은?

5. 예시된 처방전을 정확하게 해석하고 약물 계산법의 전체 조제량을 결정한다. 이때 약물 계산법의 과정을 정확히 서술할 수 있도록 한다.

    예시 문제) 체중이 10lb인 환자에게 A 약에 대해 다음과 같은 처방이 지시되었다. 조제에 필요한 A 약은 몇정인가?

        [A약 5mg/kg tid X 8 days PO (A 약 50mg/정)]

6. 수액 펌프의 수액 속도 (분당 드랍수) 설정에 대해서 이해한다.

    예시 문제) 개에게 500ml의 생리식염수를 20drops/ml 수액 셋트를 이용하여 투여하는 경우 수액속도(분당 드랍수로 표시)를 구하시오.

7. 수액펌프를 이용한 약물의 투여에서 처방전에 따라 수액속도와 투여량을 조절하는 법에 대해 이해한다.

    예시 문제) 급성 심부전인 20kg 몸무게의 개가 10ug/kg/min의 dopamine(도파민) 투여 처방을 받았다. 현재 200mg dopamine이 dextrose 5% solution 안에 용해되어 있다. 약물 주입 속도(ml/min)를 셋팅해보자.

8. 의약용어 및 관련 약어를 숙지한다.

9. 예시된 처방전을 해석하고 1회 투여량과 전체 조제량을 결정한 후 조원들과 함께 토의한다.

실습 일지

	실습 날짜	. . .

실습 내용	
토의 및 핵심 내용	

교육내용 정리

04

약물 조제 보조-2

 실습개요 및 목적

동물병원에서 약물의 조제 시 필요한 조제도구를 익히고 조제를 보조하는 기술을 익힌다. 또한 조제하는 약물의 분류 및 관리 방법을 실제 실습해 봄으로써 동물병원에서 적용 가능한 약물 관련 실무 능력을 갖춘 동물보건사의 역량을 함양한다.

 실습준비물

약물 조제도구	유발유봉	약주걱
	약스푼	약포장기
	약포장지	

1. 약물의 동물보건사의 약물 처방 및 조제 보조를 위해 약물의 종류를 익히고 분류하는 법을 익힌다.
   (1) 약물의 화학명, 속명, 약전명, 상품명에 대해 이해한다.
   (2) 약물의 적용법에 따라 분류할 수 있도록 한다.
      마취제/진정제/진통제/항생제/항진균제/항바이러스제/구충제/소염제/이뇨제/
      항구토/지사제/항암제/항간질약/백신 등
   (3) 약물의 제형에 대해서 이해한다.
      정제/캡슐제/주사제/기타(시럽, 패치 등)
2. 약물의 조제 보조를 하는 실습을 한다.
   (1) 조제도구 파악
      약포장지, 약스푼, 약주걱, 약포장지, 유발유봉 (or 소형 분쇄기)
   (2) 가루약 형태 만들기 보조
      : 정제 및 캡슐의 형태를 가루약으로 만들기 보조
3. 가루약 조제순서 (보조인의 역할을 수행)
   (1) 처방전 확인
   (2) 가루약 형태로 조제되는 경우 약을 분쇄함 (수의사 역할)
   (3) 분쇄된 가루약을 약스푼을 이용하여 약주걱에 일정하게 분주함 (수의사 역할)
   (4) 약주걱에 분주된 약을 약포장지에 일정하게 분배
   (5) 약포장기를 이용하여 약포장지를 밀봉
   (6) 약포장지를 약봉투에 넣음

실습 일지

실습 날짜	. . .

실습 내용	
토의 및 핵심 내용	

교육내용 정리

05

약물 관리

실습개요 및 목적

이론에서 배운 약물의 종류에 따른 보관과 관리 방법을 이해하고 실제로 예시 장부를 보고 실습함으로써 동물병원에서 약물 보관과 재고관리, 취급 및 마약류관리보조자 업무를 할 수 있는 역량을 함양한다.

실습준비물

약물관리 대장 예시표	약국관리 점검부(2022년도)						
	점검사항(적합: O, 부적합: X) 월	2.1	2.2	2.3	2.4	2.5	...
	1. 각 약물의 제품 설명 기준에 맞게 의약품의 효능이 떨어지지 않도록 약물을 보관하고 있는가?	O	O	O	O	O	O
	2. 조치 시 먼지, 약 가루 등으로 인한 오염을 방지하는 시설을 갖추고 기기의 청결을 유지하고 있는가?	O	O	O	O	O	O
	...	...	...	...	...	...	...

마약류 관리 대장, 마약류 저장시설 점검부 예시, 마약류 통합관리시스템 접속 화면	
온습도계, 의료용 장갑, 보안경, 마스크	

1. 이론적인 의약품 관리에 대해 숙지하고 각 약물들의 관리 방법에 대해 조별로 논의할 수 있도록 한다.
   (1) 제품용기의 표시사항에서 보관방법, 유효기간을 확인할 수 있도록 한다.
   (2) 약물의 제형에 따른 관리 방법을 숙지한다.
   (3) 차광 약물 보관 방법을 이해한다.
   (4) 약물 종류별 온습도 관리 방법을 익힌다.
       (일반의약품, 생물학적 제제 등)
2. 약물관리 대장 예시를 보고 점검부의 내용을 이해하고 실전에서 점검할 수 있도록 조별로 실습한다.
   (1) 약물구입대장
   (2) 약물유효기간대장
   (3) 약물반출 대장
   (4) 약물 상시 점검부
3. 약물을 다룰 때 보호장비 착용법에 대해 익힌다.
4. 약물을 분류하는 방법에 대해 익히도록 한다.
   보관방법별 분류, 알파벳순, 무거운 물건 놓는 곳 등
5. 마약류 잠금장치, 관리대장(입고, 출고, 사용 기록, 유효기간 등 작성) 마약류의 저장시설 점검부(주 1회 작성, 2년간 보관) 작성 및 보관방법, 마약류 통합관리 시스템 보고 날짜 등에 대해 숙지하여 마약류관리보조자 역할을 실습한다.

실습 일지

실습 날짜	.　　.　　.

실습 내용	
토의 및 핵심 내용	

교육내용 정리

06

약물 폐기

 실습개요 및 목적

이론에서 배운 약물의 폐기 방법을 이해하고 실제로 실습함으로써 동물병원에서 의약품 관리자로서 관련 실무 능력을 갖춘 동물보건사의 역량을 함양한다.

 실습준비물

폐기 약물 관리 대장 예시표	약국관리 점검부(2022년도)

점검사항(적합: O, 부적합: X)　　월	2.1	2.2	2.3	2.4	2.5	...
1. 각 약물의 제품 설명 기준에 맞게 의약품의 효능이 떨어지지 않도록 약물을 보관하고 있는가?(적절한 온, 습도 유지)	O	O	O	O	O	O
2. 조치 시 먼지, 약 가루 등으로 인한 오염을 방지하는 시설을 갖추고 기기의 청결을 유지하고 있는가?	O	O	O	O	O	O
...	...	...	...	...	...	...

마약류 폐기 대장, 마약류 통합관리시스템 접속 화면	 

의료폐기함, 의료용 장갑, 보안경, 마스크	 

1. 이론에서 배운 의료폐기물의 정의를 이해하고 이의 관리와 취급방법을 실습을 통해 익혀서 숙지할 수 있도록 한다.
2. 각 의약품의 폐기 방법을 숙지하고 약물별로 요구하는 폐기방법에 따라 폐기할 수 있도록 실습한다.

　　예시) 알약: 한곳에 모아 배출

　　　　　 액체시럽: 한 병에 모아 뚜껑을 잠금

　　　　　 연고나 안약: 전용용기 그대로 폐기

3. 의료 폐기물 보관 방법에 대해 익힌다.

　　(1) 격리 의료폐기물 (감염병으로 격리된 군에서 발생한 폐기물): 합성 수지 상자형 (붉은색)

　　(2) 위해 의료폐기물 (조직물류폐기물, 병리계 폐기물, 손상성폐기물, 생물-화학 폐기물, 혈액오염폐기물): 합성 수지 상자형(노란색), 골판지 상자형 (노란색)

　　(3) 일반 의료폐기물 (혈액, 체액, 분비물 등이 함유된 붕대, 주사기, 수액세트 등): 골판지 상자형 (노란색)

　　■ 특히 손상성 의료폐기물(주사침, 봉합바늘, 수술용 칼날, 파손된 유리재질)을 다룰 때 신중하게 임하고 보관이나 운반 시 2차 감염에 주의할 수 있도록 실습한다.

4. 일반폐기물과 의료폐기물을 구별하여 폐기할 수 있도록 한다.

　　■ 일반폐기물: 혈액 등이 묻지 않은 의약품 포장지, 수액병, 앰플병, 바이알병, 혈액 등이 묻지 않은 거즈, 솜, 붕대, 주사기

5. 조원끼리 각 의약품 및 의약외품의 폐기 방법에 대해 논의한다.

실습 일지

	실습 날짜	. . .

실습 내용	
토의 및 핵심 내용	

교육내용 정리

학습목표

- 질환에 따른 약물을 분류할 수 있다.
- 질환별 약물의 투약 방법을 이해하고 보조할 수 있다.
- 투약에 사용되는 각종 물품에 대해 이해하고 설명할 수 있다.
- 약물의 각종 투약 방법에 대해 설명할 수 있다.

PART

02

질환에 따른 약물 분류 및
투약 보조

호흡기계 질환 약물

실습개요 및 목적

호흡기계 질환 관련 약물의 종류와 작용기전, 특징에 대해 이론으로 학습한 내용을 동물 장기 모형을 활용하여 학습해 본다. 또한 호흡기계 질환 완화 관련 약물에 대한 이해를 바탕으로 다양한 형태의 약물 투여를 보조하는 방법을 실습해 봄으로써 동물병원에서 적용 가능한 약물 관련 실무 능력을 갖춘 동물보건사의 역량을 함양한다.

실습준비물

분리형 장기모형 (개, 고양이)	 
네블라이저 (nebulizer)	

실습방법

1. 다양한 형태의 호흡기계 질환 관련 약물 투여 보조 방법을 숙지하고 조별로 실습한다.
2. 경구 또는 비경구 투여 경로를 통한 호흡기계 질환 관련 약물의 흡수 과정 및 작용기전을 이해하기 위해 동물 분리형 장기모형을 활용하여 호흡기계 질환 관련 약

물의 흡수 경로 및 작용경로를 학습한다.

3. 호흡기계 질환 관련 약물의 투약에 사용되는 각종 물품을 이해하고 숙지한다.

4. 투여 경로에 따른 호흡기계 질환 관련 약물의 종류를 이해하고 숙지한다.

    (1) 네블라이저 등을 통한 흡입 투여 요법(aerosol, 분무)에 대해 이해한다. Aerosol의 분포가 기도의 크기, 모양, 패턴 및 동물의 호흡패턴에 의해 달라짐을 분리형 장기모형을 통해 학습한다.

    (2) 주사제: 정맥 내, 근육 내, 피하 등 주사제 투여 방법의 이해

    (3) 경구제(소화관): 소화관을 통해 투여, 흡수된다.

5. 제형에 따른 호흡기계 질환 관련 약물의 종류를 이해하고 숙지한다.

    (1) 고형제제: 산제(powder), 과립제(granule), 정제(tablet), 캅셀(capsule)

    (2) 액상제제: 시럽제(syrup), 현탁제(suspension), 에어로졸제(aerosol)

    (3) 주사제: 앰풀(ampule), 바이알(vial), 수액(fluid)

6. 호흡기계 질환 관련 처방에 자주 사용하는 의학용어를 이해하고 숙지한다.

7. 동물의 호흡기계에 투여된 약물의 시간 경과에 따른 흡수와 분포, 대사 및 배설 과정에 대해 조원들끼리 설명하고 토의한다.

실습 일지

	실습 날짜	. . .

실습 내용	
토의 및 핵심 내용	

교육내용 정리

02 신장과 비뇨기계 질환 약물

실습개요 및 목적

신장과 비뇨기계 질환 관련 약물의 종류와 작용기전, 특징에 대해 이론으로 학습한 내용을 동물 장기 모형을 활용하여 학습해 본다. 또한 신장과 비뇨기계 질환 완화 관련 약물에 대한 이해를 바탕으로 다양한 형태의 약물 투여를 보조하는 방법을 실습해 봄으로써 동물병원에서 적용 가능한 약물 관련 실무 능력을 갖춘 동물보건사의 역량을 함양한다.

실습준비물

분리형 장기모형 (개, 고양이)	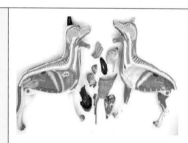	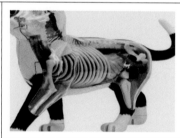

실습방법

1. 다양한 형태의 신장과 비뇨기계 질환 관련 약물 투여 보조 방법을 숙지하고 조별로 실습한다.
2. 경구 또는 비경구 투여 경로를 통한 신장과 비뇨기계 질환 관련 약물의 흡수 과정 및 작용기전을 이해하기 위해 동물 분리형 장기모형을 활용한다.
   (1) 소변의 형성 원리
   (2) 신장 손상의 신전성, 신성, 신후성 분류법 이해
   (3) 신기능부전 동시에 고혈압 치료 제제 이해
   (4) 신부전 합병증 치료 약물의 이해
   (5) 요로 방광결석의 이해

(6) 요실금 및 요정체 치료 약물의 이해

(7) 기타 신장약물

3. 신장과 비뇨기계 질환 관련 약물의 투약에 사용되는 각종 물품을 이해하고 숙지한다.

4. 투여 경로에 따른 신장과 비뇨기계 질환 관련 약물의 종류를 이해하고 숙지한다.

(1) 비경구제

　■주사제: 정맥 내, 근육 내, 피하 등 주사를 통하여 투여

(2) 경구제(소화관): 소화관을 통해 투여, 흡수

5. 신장과 비뇨기계 질환 관련 처방에 자주 사용하는 의학용어를 이해하고 숙지한다.

6. 동물의 신장과 비뇨기계에 영향을 미치기 위해 투여된 약물의 시간 경과에 따른 흡수와 분포, 대사 및 배설 과정에 대해 조원들끼리 설명하고 토의한다.

실습 일지

	실습 날짜	. . .

실습 내용	
토의 및 핵심 내용	

교육내용 정리

03

심혈관계 질환 약물

실습개요 및 목적

심혈관계 약물의 종류와 작용기전, 특징에 대해 이론으로 학습한 내용을 동물 장기 모형을 활용하여 학습해 본다. 또한 심혈관계 질환 완화 관련 약물에 대한 이해를 바탕으로 다양한 형태의 약물 투여를 보조하는 방법을 실습해 봄으로써 동물병원에서 적용 가능한 약물 관련 실무 능력을 갖춘 동물보건사의 역량을 함양한다.

실습준비물

분리형 장기모형 (개, 고양이)	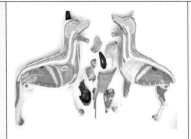	
심장 모형 (개, 고양이)	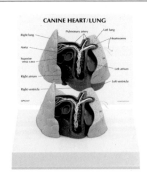	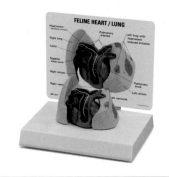

1. 다양한 형태의 심혈관계 질환 관련 약물 투여 보조 방법을 숙지하고 조별로 실습한다.
2. 경구 또는 비경구 투여 경로를 통한 심혈관계 질환 관련 약물의 흡수 과정 및 작용기전을 이해하기 위해 동물 분리형 장기모형을 활용한다.
   (1) 심장의 해부학 및 전기생리학적 이해
   (2) 심혈관계 보상 메커니즘의 이해
   (3) 심혈관 질환 치료의 목표
     ■ 리듬장애조절
     ■ 심박출량 유지, 증가
     ■ 수축력 증가
     ■ 후부하 감소
       동맥확장, 전부하 감소, 정맥확장, 체액 축적 완화, 이뇨제, 식염제한
       혈액산소화 증가
     ■ 기관지 확장
     ■ 기타
3. 심혈관계 질환 관련 약물 및 보조 치료에 사용되는 각종 물품을 이해하고 숙지한다.
4. 투여 경로에 따른 심혈관계 질환 관련 약물의 종류를 이해하고 숙지한다.
   (1) 비경구제
     ■ 주사제: 정맥 내, 근육 내, 피하 등 주사를 통하여 투여
     ■ 도포제: 연고, 로션 등 필요 부위에 국소 또는 전신 적용
   (2) 경구제(소화관): 소화관을 통해 투여, 흡수
5. 제형에 따른 심혈관계 질환 관련 약물의 종류를 이해하고 약물의 취급 주의사항 등에 대해 숙지한다.
   (1) 고형제제: 산제(powder), 과립제(granule), 정제(tablet), 캅셀(capsule)
   (2) 액상제제: 시럽제(syrup), 현탁제(suspension)
   (3) 주사제: 앰풀(ampule), 바이알(vial), 수액(fluid)
   (4) 반고형제제: 연고제(ointment), 로션제(lotion)
   (5) 경피 패치
6. 심혈관계 질환 관련 처방에 자주 사용하는 의학용어를 이해하고 숙지한다.
7. 동물의 심혈관계에 영향을 미치기 위해 투여된 약물의 시간 경과에 따른 흡수와 분포, 대사 및 배설 과정에 대해 조원들끼리 설명하고 토의한다.

실습 일지

실습 날짜	. . .

실습 내용	
토의 및 핵심 내용	

교육내용 정리

04

위장관계 질환 약물

🐾 실습개요 및 목적

위장관계 질환 관련 약물의 종류와 작용기전, 특징에 대해 이론으로 학습한 내용을 동물 장기 모형을 활용하여 학습해 본다. 또한 위장관계 질환 완화 관련 약물에 대한 이해를 바탕으로 다양한 형태의 약물 투여를 보조하는 방법을 실습해 봄으로써 동물병원에서 적용 가능한 약물 관련 실무 능력을 갖춘 동물보건사의 역량을 함양한다.

🐾 실습준비물

분리형 장기모형 (개, 고양이)	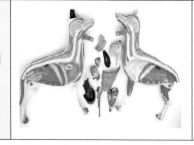	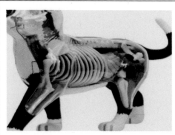

🐾 실습방법

1. 다양한 형태의 위장관계 질환 관련 약물 투여 보조 방법을 숙지하고 조별로 실습한다.
2. 경구 또는 비경구 투여 경로를 통한 위장관계 질환 관련 약물의 흡수 과정 및 작용기전을 이해하기 위해 동물 분리형 장기모형을 활용한다.
   (1) 위장관계 해부학 및 생리학적 이해
   (2) 소화기계 조절의 이해
   (3) 구토 기전의 이해 (구토제와 항구토제의 이해)
   (4) 제산제 및 항궤양제의 이해
   (5) 설사제와 항설사약물의 이해
   (6) 위장운동 촉진제의 이해

(7) 소화효소약물의 이해

(8) 프로바이오틱스의 이해

(9) 식욕자극제의 이해

(10) 구강제품의 이해

3. 위장관계 질환 관련 약물의 투약에 사용되는 각종 물품을 이해하고 숙지한다.

4. 투여 경로에 따른 위장관계 질환 관련 약물의 종류를 이해하고 숙지한다.

   (1) 비경구제

     ■ 주사제: 정맥 내, 근육 내, 피하 등 주사를 통하여 투여

   (2) 경구제(소화관): 소화관을 통해 투여, 흡수/ 정제, 시럽, 캡슐 등 다양한 형태

5. 위장관계 질환 관련 처방에 자주 사용하는 의학용어를 이해하고 숙지한다.

6. 동물의 위장관계에 영향을 미치기 위해 투여된 약물의 시간 경과에 따른 흡수와 분포, 대사 및 배설 과정에 대해 조원들끼리 설명하고 토의한다.

실습 일지

	실습 날짜	. . .

실습 내용	
토의 및 핵심 내용	

교육내용 정리

05

호르몬, 내분비 및 생식기계 질환 약물

실습개요 및 목적

호르몬, 내분비 관련 약물의 종류와 작용기전, 특징에 대해 이론으로 학습한 내용을 동물 장기 모형을 활용하여 학습해 본다. 또한 호르몬, 내분비 관련 약물에 대한 이해를 바탕으로 다양한 형태의 약물 투여를 보조하는 방법을 실습해 봄으로써 동물병원에서 적용 가능한 약물 관련 실무 능력을 갖춘 동물보건사의 역량을 함양한다.

실습준비물

분리형 장기모형 (개, 고양이)	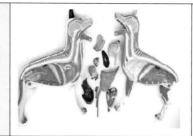	
간이혈당계, 인슐린 주사기		

실습방법

1. 다양한 형태의 호르몬, 내분비 관련 약물 투여 보조 방법을 숙지하고 조별로 실습한다.
2. 경구 또는 비경구 투여 및 작용 경로를 통한 호르몬, 내분비 질환 관련 약물의 흡수 과정 및 작용기전을 이해하기 위해 동물 분리형 장기모형을 활용한다.
   (1) 호르몬, 내분비계의 해부학 및 생리학적 이해

- ■ 뇌하수체
- ■ 내분비계 피드백 기전
- (2) 생식관련 호르몬제의 이해
  - ■ 생식샘 자극호르몬
  - ■ 에스트로겐
  - ■ 안드로겐
  - ■ 자궁 수축에 미치는 약물의 이해
  - ■ 기타
- (3) 갑상선 호르몬 관련 약물의 이해
- (4) 부신피질 호르몬 관련 약물의 이해
  - ■ 애디슨병
  - ■ 쿠싱증후군
- (5) 당뇨병 및 관련 약물의 이해
  - ■ 인슐린제제, unit 단위, 인슐린 주사기 표시
- (6) 성장 촉진 호르몬제의 이해
- (7) 기타

3. 호르몬, 내분비 질환 관련 약물의 투약에 사용되는 각종 물품을 이해하고 숙지한다.
  - ■ 당뇨병의 인슐린 투여 관련 혈당계 및 인슐린 주사기 unit 표시법 이해

4. 투여 경로에 따른 호르몬, 내분비계 관련 약물의 종류를 이해하고 숙지한다.
  - (1) 비경구제: 비경구적인 방법으로 투여, 흡수
    - ■ 도포제: 연고, 로션 등 필요 부위에 국소 또는 전신 적용
    - ■ 주사제: 정맥 내, 근육 내, 피하 등 주사를 통하여 투여
  - (2) 경구제(소화관): 소화관을 통해 투여, 흡수

5. 제형에 따른 호르몬, 내분비계 관련 약물의 종류를 이해하고 숙지한다.
  - (1) 고형제제: 산제(powder), 과립제(granule), 정제(tablet), 캅셀(capsule)
  - (2) 액상제제: 시럽제(syrup), 현탁제(suspension), 점안제(eye drop), 에어로졸제(aerosol)
  - (3) 반고형제제: 연고제(ointment), 로션제(lotion)
  - (4) 주사제: 앰풀(ampule), 바이알(vial), 수액(fluid)

6. 호르몬, 내분비 관련 처방에 자주 사용하는 의학용어를 이해하고 숙지한다.

7. 동물의 호르몬, 내분비계에 영향을 미치기 위해 투여된 약물의 시간 경과에 따른 흡수와 분포, 대사 및 배설 과정에 대해 조원들끼리 설명하고 토의한다.

실습 일지

	실습 날짜	. . .

실습 내용	
토의 및 핵심 내용	

교육내용 정리

06

안과와 귀 질환 약물

실습개요 및 목적

안과와 귀 질환 관련 약물의 종류와 작용기전, 특징에 대해 이론으로 학습한 내용을 안구 모형과 귀 모형을 활용하여 학습해 본다. 또한 안과와 귀 관련 약물에 대한 이해를 바탕으로 다양한 형태의 약물 투여를 보조하는 방법을 실습해 봄으로써 동물병원에서 적용 가능한 약물 관련 실무 능력을 갖춘 동물보건사의 역량을 함양한다.

실습준비물

동물 눈 모형		
동물 귀 모형		

실습방법

1. 다양한 형태의 눈, 귀 질환 관련 약물 투여 보조 방법을 숙지하고 조별로 실습한다.
2. 경구 또는 눈 등 비경구 투여 경로를 통한 약물의 흡수 과정을 이해하기 위해 동물 눈 모형을 활용하여 눈 질환 관련 약물의 흡수 경로를 학습한다.
3. 경구 또는 귀 등 비경구 투여 경로를 통한 약물의 흡수 과정을 이해하기 위해 동

물 귀 모형을 활용하여 귀 질환 관련 약물의 흡수 경로를 학습한다.

4. 눈 및 귀 질환 관련 약물의 투약에 사용되는 각종 물품을 이해하고 숙지한다.

5. 눈 및 귀 질환 처방에 자주 사용하는 의학용어를 이해하고 숙지한다.
   - OD (oculus dexter) : 오른쪽 눈
   - OS (oculus sinister) : 왼쪽 눈
   - OU (oculus uterque) : 양쪽 눈
   - AD (auris dexter) : 오른쪽 귀
   - AS (auris sinister) : 왼쪽 귀
   - AU (auris uterque) : 양쪽 귀
   - opht.oint (oculus ointment) : 안연고
   - oint.soln (oculus solution = eye drops) : 점안액

6. 투여 경로에 따른 눈 및 귀 질환 관련 약물의 종류를 이해하고 숙지한다.
   (1) 비경구제: 안구, 귀 내 투여 등 비경구적인 방법으로 투여, 흡수
   - 점안제: 눈으로 투여
   - 점이제: 귀로 투여
   - 도포제: 연고, 로션 등 필요 부위에 국소 또는 전신 적용
   - 주사제: 정맥 내, 근육 내, 피하 등 주사를 통하여 투여
   (2) 경구제(소화관): 소화관을 통해 투여, 흡수

7. 제형에 따른 눈 및 귀 질환 관련 약물의 종류를 이해하고 숙지한다.
   (1) 고형제제: 산제(powder), 과립제(granule), 정제(tablet), 캅셀(capsule)
   (2) 액상제제: 시럽제(syrup), 현탁제(suspension), 점안제(eye drop), 에어로졸제(aerosol)
   (3) 반고형제제: 연고제(ointment), 로션제(lotion)
   (4) 주사제: 앰풀(ampule), 바이알(vial), 수액(fluid)

8. 동물의 눈 및 귀에 투여된 약물의 시간 경과에 따른 흡수와 분포, 대사 및 배설 과정에 대해 조원들끼리 설명하고 토의한다.

실습 일지

	실습 날짜	. . .

실습 내용	
토의 및 핵심 내용	

교육내용 정리

07

피부 질환 약물

🐾 실습개요 및 목적

피부 질환 관련 약물의 종류와 작용기전, 특징에 대해 이론으로 학습한 내용을 동물 피부 모형을 활용하여 학습해 본다. 또한 피부 질환 관련 약물에 대한 이해를 바탕으로 다양한 형태의 약물 투여를 보조하는 방법을 실습해 봄으로써 동물병원에서 적용 가능한 약물 관련 실무 능력을 갖춘 동물보건사의 역량을 함양한다.

🐾 실습준비물

동물 피부 모형	
동물 귀 모형	

🐾 실습방법

1. 다양한 형태의 피부 질환 관련 약물 투여 보조 방법을 숙지하고 조별로 실습한다.
2. 경구 또는 피부, 귀 등 비경구 투여 경로를 통한 약물의 흡수 과정을 이해하기 위해 피부 및 귀 모형을 활용하여 피부 질환 관련 약물의 흡수 경로를 학습한다.

3. 피부 질환 관련 약물의 투약에 사용되는 각종 물품을 이해하고 숙지한다.

4. 투여 경로에 따른 피부 질환 관련 약물의 종류를 이해하고 숙지한다.

   (1) 비경구제: 비경구적인 방법으로 투여, 흡수

     ■ 점이제: 귀로 투여

     ■ 도포제: 연고, 로션 등 필요 부위에 국소 또는 전신 적용

     ■ 주사제: 정맥 내, 근육 내, 피하 등 주사를 통하여 투여

   (2) 경구제(소화관): 소화관을 통해 투여, 흡수

5. 제형에 따른 피부 질환 관련 약물의 종류를 이해하고 숙지한다.

   (1) 고형제제: 산제(powder), 과립제(granule), 정제(tablet), 캅셀(capsule)

   (2) 액상제제: 시럽제(syrup), 현탁제(suspension)

   (3) 반고형제제: 연고제(ointment), 로션제(lotion)

   (4) 주사제: 앰풀(ampule), 바이알(vial), 수액(fluid)

6. 피부 질환 처방에 자주 사용하는 의학용어를 이해하고 숙지한다.

7. 동물의 피부에 투여된 약물의 시간 경과에 따른 흡수와 분포, 대사 및 배설 과정에 대해 조원들끼리 설명하고 토의한다.

실습 일지

실습 날짜	. . .

실습 내용	
토의 및 핵심 내용	

교육내용 정리

08

통증과 염증 완화 약물

🐾 실습개요 및 목적

통증과 염증 완화 관련 약물의 종류와 작용기전, 특징에 대해 이론으로 학습한 내용을 동물 장기 모형을 활용하여 학습해 본다. 또한 통증과 염증 완화 관련 약물에 대한 이해를 바탕으로 다양한 형태의 약물 투여를 보조하는 방법을 실습해 봄으로써 동물병원에서 적용 가능한 약물 관련 실무 능력을 갖춘 동물보건사의 역량을 함양한다.

🐾 실습준비물

분리형 장기모형 (개, 고양이)	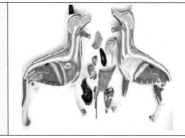 

🐾 실습방법

1. 다양한 형태의 통증과 염증 완화 관련 약물 투여 보조 방법을 숙지하고 조별로 실습한다.
2. 경구 또는 비경구 투여 경로를 통한 통증과 염증 완화 관련 약물의 흡수 과정을 이해하기 위해 동물 분리형 장기모형을 활용하여 통증과 염증 완화 관련 약물의 흡수 경로를 학습한다.
3. 통증과 염증 완화 관련 약물의 투약에 사용되는 각종 물품을 이해하고 숙지한다.
4. 투여 경로에 따른 통증과 염증 완화 관련 약물의 종류를 이해하고 숙지한다.
   (1) 비경구제: 비경구적인 방법으로 투여, 흡수
      - 도포제: 연고, 로션 등 필요 부위에 국소 또는 전신 적용
      - 주사제: 정맥 내, 근육 내, 피하 등 주사를 통하여 투여

(2) 경구제(소화관): 소화관을 통해 투여, 흡수
5. 제형에 따른 통증과 염증 완화 관련 약물의 종류를 이해하고 숙지한다.
　(1) 고형제제: 산제(powder), 과립제(granule), 정제(tablet), 캡슐(capsule)
　(2) 액상제제: 시럽제(syrup), 현탁제(suspension), 점안제(eye drop), 에어로졸제(aerosol)
　(3) 반고형제제: 연고제(ointment), 로션제(lotion)
　(4) 주사제: 앰풀(ampule), 바이알(vial), 수액(fluid)
6. 통증과 염증 완화 관련 처방에 자주 사용하는 의학용어를 이해하고 숙지한다.
7. 동물의 통증과 염증 부위에 투여된 약물의 시간 경과에 따른 흡수와 분포, 대사 및 배설 과정에 대해 조원들끼리 설명하고 토의한다.

실습 일지

	실습 날짜	. . .

실습 내용	
토의 및 핵심 내용	

교육내용 정리

09

신경계 질환 약물

실습개요 및 목적

신경계 질환 관련 약물의 종류와 작용기전, 특징에 대해 이론으로 학습한 내용을 동물 장기 모형을 활용하여 학습해 본다. 또한 신경계 질환 관련 약물에 대한 이해를 바탕으로 다양한 형태의 약물 투여를 보조하는 방법을 실습해 봄으로써 동물병원에서 적용 가능한 약물 관련 실무 능력을 갖춘 동물보건사의 역량을 함양한다.

실습준비물

분리형 장기모형 (개, 고양이)	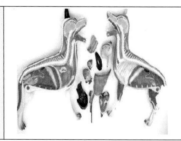	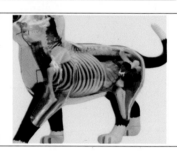

실습방법

1. 다양한 형태의 신경계 질환 관련 약물 투여 보조 방법을 숙지하고 조별로 실습한다.
2. 경구 또는 비경구 투여 경로를 통한 신경계 질환 관련 약물의 흡수 과정을 이해하기 위해 동물 분리형 장기모형을 활용하여 신경계 질환 관련 약물의 흡수 경로를 학습한다.
3. 신경계 질환 관련 약물의 투약에 사용되는 각종 물품을 이해하고 숙지한다.
4. 투여 경로에 따른 신경계 질환 관련 약물의 종류를 이해하고 숙지한다.
   (1) 비경구제: 안구, 귀 내 투여 등 비경구적인 방법으로 투여, 흡수
      ■ 점안제: 눈으로 투여
      ■ 주사제: 정맥 내, 근육 내, 피하 등 주사를 통하여 투여

(2) 경구제(소화관): 소화관을 통해 투여, 흡수

5. 제형에 따른 신경계 질환 관련 약물의 종류를 이해하고 숙지한다.

    (1) 고형제제: 산제(powder), 과립제(granule), 정제(tablet), 캅셀(capsule)

    (2) 액상제제: 시럽제(syrup), 현탁제(suspension), 점안제(eye drop), 에어로졸제(aerosol)

    (3) 주사제: 앰풀(ampule), 바이알(vial), 수액(fluid)

6. 신경계 질환 관련 처방에 자주 사용하는 의학용어를 이해하고 숙지한다.

7. 동물의 신경계에 투여된 약물의 시간 경과에 따른 흡수와 분포, 대사 및 배설 과정에 대해 조원들끼리 설명하고 토의한다.

실습 일지

실습 날짜	. . .

실습 내용	
토의 및 핵심 내용	

교육내용 정리

학습목표

- 주사 및 수액 처방에 자주 사용하는 의학용어를 숙지하고 정리, 설명할 수 있다.
- 주사제 및 수액제의 종류와 사용 방법을 이해할 수 있다.
- 주사투여 및 수액 처치에 사용되는 장비를 이해할 수 있다.
- 수의사의 주사투여 및 수액처치를 보조할 수 있다.
- 주사투여 및 수액 처치와 관련된 처방전을 이해할 수 있다.
- 수의사의 치료용 영양제 투여를 보조할 수 있다.
- 다양한 치료용 영양제의 종류를 이해할 수 있다.

PART

03

주사투여 보조 및
수액 처치 보조

01

주사 투여 보조

실습개요 및 목적

이론으로 학습한 주사제의 종류와 기전에 대한 이해를 바탕으로 주사제의 형태에 따른 관리 방법을 익히고 주사제 관리 및 투여 보조를 실습해 봄으로써 동물병원에서 적용 가능한 주사투여 보조 및 주사 약물 관리 관련 실무 능력을 갖춘 동물보건사의 역량을 함양한다.

실습준비물

교육용 앰플, 교육용 바이알 가루		
교육용 바이알 액체, 주사기(1ml)		
주사기(3ml), 코튼볼		

1. 근육주사, 피하주사, 정맥주사, 피내주사 등 적용 약물에 따른 주사 부위에 대해 이해한다.

2. 바이알 따는 방법, 바이알 내 가루 희석방법에 따라 조별로 실습한다.

 (1) 약물이 든 바이알의 고무마개를 소독솜으로 닦는 것에 유의

 (2) 바이알에 들어있는 분말이 완전히 녹을 때까지 기포가 생기지 않게 조심스럽게 바이알을 흔들어야 함

3. 바이알에 주사 바늘 삽입 후 약물 채우는 과정에 따라 조별로 실습한다.

4. 앰플 따는 방법 및 주사기에 약물 채우는 과정을 실습한다.

 (1) 약물이 든 앰플을 개봉 시 손 안전에 유의

 (2) 사용이 끝난 빈 앰플은 폐기 처리시 유의

5. 주사제의 투약에 사용되는 각종 물품을 이해하고 숙지한다.

6. 바이알 및 앰플 등 다양한 형태와 투여 경로에 따른 주사제의 종류를 이해하고 숙지한다.

7. 주사처치 보조 시 유의점을 확인한다.

 (1) 물과 비누, 손소독제로 손 위생을 실시

 (2) 주사투여 처방 확인

 (3) 주사기에서 정확한 양의 주입량을 확인

 (4) 동물환자가 편안하고 안전하다고 느낄 수 있고, 수의사가 주사 처치를 안전하고 신속하게 시행할 수 있도록 보정

8. 주사 처방에 자주 사용하는 의학용어를 이해하고 숙지한다.

 (1) 경로에 따른 분류

  - IV (intravenous injection) : 정맥 내
  - IM (intramuscular injection) : 근육 내
  - ID (intradermal injection) : 피내
  - SC (subcutaneous injection) : 피하

 (2) 시간에 따른 분류

  - am (ante meridiem = before noon) : 오전
  - pm (post meridiem = after noon) : 오후
  - h (hora = hour) : 시간
  - q (quague = every) : 매, 마다
  - hs (hora somni = at bedtime) : 자기 전, 취침 시간
  - qn (quaque nocte = every night) : 매일 밤마다

 (3) 기타

  - gtt (drops) : 방울들
  - gt (drop) : 방울
  - injec. (injection) : 주사
   - ⓐ (ampule) : 앰플
   - ⓥ (vial) : 바이알

실습 일지

실습 날짜	. . .

실습 내용	
토의 및 핵심 내용	

교육내용 정리

02

수액 처치 보조

실습개요 및 목적

이론으로 학습한 수액제의 종류와 적용 예시를 이해하고 수액관 설치 보조 및 카테터 장착 보조 과정을 신속하고 정확하게 이행해 봄으로써 동물병원에서 적용 가능한 수액 처치 보조 및 수액제 관리 관련 실무 능력을 갖춘 동물보건사의 역량을 함양한다.

실습준비물

수액세트, IV 카테터		
라텍스 토니켓, 수액팩		
테이프, 헤파린캡		

수액대, 1ml 주사기	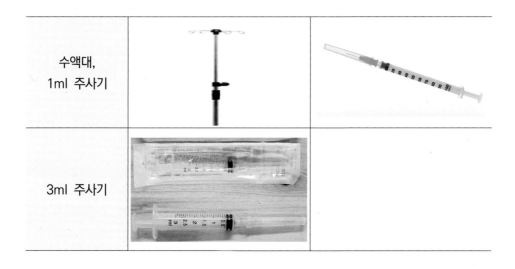	
3ml 주사기		

1. 수액관 설치 보조 과정을 실습한다.
   (1) 포장된 수액세트를 꺼낸다.
   (2) 조절기를 완전히 잠그고 도입침의 덮개를 제거한 다음, 도입침을 수액 용기 중앙에 수직으로 꽂는다.
   (3) 수액대에 수액 용기를 거꾸로 매달고 점적통을 2~3회 눌러 점적통에 약 1/2 정도 수액을 채운다.
   (4) 조절기를 열어 약물을 유출해 주입관 내의 공기를 완전히 제거하고 조절기를 잠근다.
   (5) 세팅된 수액세트를 이용하여 수액관 설치를 보조한다.
   (6) 필요한 테이프들을 미리 잘라 사용하기 편하도록 위치해 놓는다.
   (7) 주사기 및 카테터는 사용하기 편하도록 정맥주사 직전 포장지를 제거해서 준비해둔다.
   (8) 수액세트를 세팅하는 과정을 조별로 실습한다.
2. 수액 투여의 목적과 다양한 경로에 대해 이해한다.
   (1) 목적
      ■ 신체에 수분과 전해질, 영양을 공급
      ■ 산염기 균형을 조절
      ■ 일정한 농도의 약물을 지속적으로 주입
      ■ 응급상태에서 약물을 신속하게 공급
   (2) 경로
      ■ 정맥, 피하, 복강 내 투여
3. 수의사의 정맥 내 카테터 장착 보조 과정을 실습한다.
   (1) 수액 처치 시 카테터 장착은 수의사에 의해 시행되며, 장착법을 충분히 숙지하여 보조한다.
   (2) 카테터 장착 전 필요 물품들을 사용하기 편한 위치에 배치한다.

(3) 오염과 감염 방지를 위하여 손 청결을 유지하며 장갑을 착용한다.

(4) 감염 예방을 위하여 클리핑 및 스크럽을 실시한다.

- 주로 40번 날을 이용하여 카테터 장착 부위 클리핑 후 진료대 떨어진 털 수거
- 코튼볼을 이용하여 중앙부위부터 시작하여 점점 원을 크게 그리며 가장자리까지 이동하여 최소한 3번 이상 스크럽 시행
- 포비돈-벤젠과 70% 이소프로필 알코올 함께 사용
- 클로르헥시딘과 70% 이소프로필 알코올 함께 사용

(5) 요골쪽 피부정맥을 노출하기 위하여 토니켓을 장착한다.

- 고무줄과 포셉을 이용한 장착법과 시판용 토니켓 장착법을 모두 실습해 본다.

(6) 수의사가 카테터를 원활히 장착할 수 있도록 한쪽 손은 머리를 감싸고 반대쪽 손은 투여할 다리를 잡아당겨 정맥 혈관 노출을 돕는 자세로 보정한다.

- 개 : 요측피정맥과 외측 복재정맥
- 고양이 : 요측피정맥과 내측 복재정맥

(7) 동물의 다리가 앞으로 뻗도록 보정을 유지한다.

(8) 수의사의 정맥 천자를 확인하면 토니켓을 제거한다.

(9) 테이프 부착 등 카테터 장착을 돕는다.

(10) 준비된 수액관을 카테터에 꽂고 테이프를 장착한다.

(11) 출혈 자국이 있는 경우 과산화수소 솜으로 출혈 자국을 정리한다.

(12) 물품을 정리한다.

실습 일지

	실습 날짜	. . .

실습 내용	
토의 및 핵심 내용	

교육내용 정리

03

치료용 영양제 투여 보조

 실습개요 및 목적

이론으로 학습한 치료용 영양제의 종류와 적용 예시를 이해하고 치료용 영양제 투여 보조 과정을 신속하고 정확하게 이행해 봄으로써 동물병원에서 적용 가능한 치료용 영양제 투여 보조 관련 실무 능력을 갖춘 동물보건사의 역량을 함양한다.

실습준비물

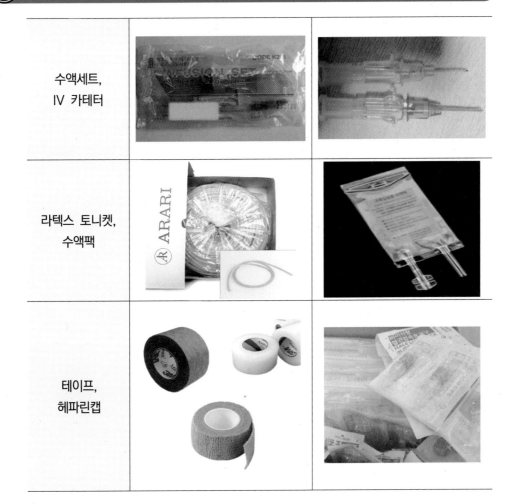

수액세트, IV 카테터		
라텍스 토니켓, 수액팩		
테이프, 헤파린캡		

수액대, 1ml 주사기	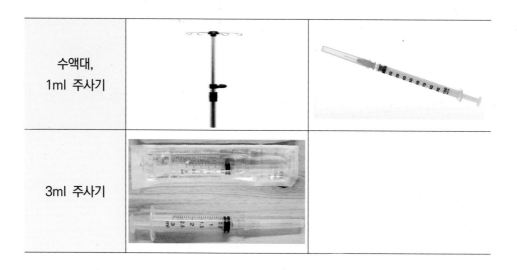	
3ml 주사기		

🐾 실습방법

1. 치료용 영양제 투여의 목적과 절차를 설명할 수 있도록 이해하고 학습한다.
   (1) 치료용 영양제 투여의 원리 및 삼투압 이해
     - 총 체액량(TBW)은 성장이 완전히 끝난 동물 체중의 50-70%에 해당
     - 세포내액(intracellular fluid, ICF) - 체중의 40%를 차지
     - 세포외액(extracellular fluid, ECF) - 체중의 20%를 차지
       - 간질액: 5%를 차지, 혈장: 15%를 차지
     - 삼투압
       - 입자가 물을 끌어당겨서 물이 세포막을 통과하려는 압력
       - 반투성 막은 막 사이의 구멍이 작아서 알갱이가 작은 물질(나트륨, 포도당)은 통과시키고 알갱이가 큰 물질(콜로이드, 혈장단백질)은 통과시키지 못하여 농도가 같아질 때까지 농도가 낮은 쪽에서 높은 쪽으로 물이 이동하는데 이 힘을 삼투압이라고 함
   (2) 치료용 영양제 투여의 적응증
     - 대부분의 경우 체액 손실은 세포외액(extracellular fluid, ECF)에서 먼저 발생
     - 섭취한 것보다 더 많은 수분을 잃은 것으로 판단되면, 탈수 상태라고 하며, 이를 보상하기 위해 체액을 투여
     - 영양이 부족한 동물에게 전해질과 영양소 공급, 저혈당증 교정, 산-염기 및 전해질의 불균형 교정을 목적으로 정맥 내 치료용 영양제 투여
   (3) 치료용 영양제 투여량을 결정하는 요인
     - 수분공급 결손량
     - 유지 요구량
     - 지속되는 손실량
2. 치료용 영양제의 종류와 필요 물품을 이해하고 준비한다.
   (1) 치료용 영양제의 종류
     - 생리식염수 (Physiologic Saline)

- 링거 젖산용액 (Lactated Ringer's Solution)
- 수분내 5% 덱스트로즈 (Dextrose 5% in Water)
- 0.45% 식염수내 2.5% 덱스트로즈 (Dextrose 2.5% With 0.45% Saline)
- 2.5% Dextrose내 링거 젖산용액 (Half-Strength Lactated Ringer's Solution With 2.5% Dextrose)
- 3%, 4%, 5%, 7%, 7.5% 등 고장성 식염수 용액

(2) 치료용 영양제 투여시 필요한 물품
- 「2. 수액 투여 보조」확인

3. 수의사의 지시에 따라 실시하는 치료용 영양제 투여 보조 과정을 정확하게 수행한다.

(1) 치료용 영양제 투여 경로 확인
- 정맥내 투여
  - 표준화된 정맥내 투여방법대로 이행
  - 수액 침전물 및 용기 캡 손상 여부 확인
- 피하 투여
- 복강 내 투여
- 경구투여

(2) 수액 투여 모니터링
- PCV 및 TPP와 함께 폐소리, 호흡수, 맥박, 피부 탄력, 소변 배출량, 동물의 전반적인 상태
- 요비중, 혈압 및 전해질, 소변 배출량, 중심 정맥 압력
- 심각한 콧물, 폐소리 증가(균열), 빈맥, 호흡곤란, 피하부종, 피하조직의 "Jello-like" 느낌

4. 투여시 주의사항과 부작용에 대하여 보호자에게 설명할 수 있도록 이해하고 학습한다.

(1) 카테터가 올바르게 장착되었는지 확인해야 함

(2) 환자의 자세를 확인하여 혈류를 막았는지 여부를 확인해야 함

(3) 클램프가 열려있는지 확인해야 함

(4) 라인이 구부러졌는지, 주름이 끼었는지 확인해야 함

(5) 수의사의 처방에 따른 치료용 영양제의 종류가 맞는지 확인해야 함

5. 치료용 영양제 투여 과정에 대해 조원들끼리 설명하고 토의한다.

실습 일지

실습 날짜	. . .

실습 내용	
토의 및 핵심 내용	

교육내용 정리

학습목표

- 동물의 보호자에게 처방받은 약물의 투약 방법에 대하여 설명할 수 있다.
- 동물의 보호자에게 투약 방법에 대한 주의사항을 설명할 수 있다.
- 동물의 보호자에게 약물의 보관 방법을 설명할 수 있다.
- 동물의 보호자에게 정확한 투여량에 대하여 설명할 수 있다.

PART
04

보호자 응대

독성물질 안전 설명하기

실습개요 및 목적

이론으로 학습한 독성물질의 종류와 독성 작용 및 부작용을 이해함으로써 동물병원에서 적용 가능한 독성물질 관리 관련 실무 능력을 갖춘 동물보건사의 역량을 함양한다. 또한 독성물질의 안전, 유해작용 및 배출과정에 대하여 보호자에게 설명할 수 있다.

실습준비물

분리형 장기모형 (개, 고양이)	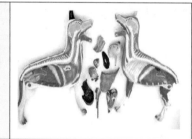	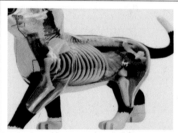

실습방법

1. 독성물질의 흡수
   (1) 소화관에서의 독성물질의 흡수: 독성물질의 소화관 흡수에 영향을 미치는 요인
   (2) 비경구 흡수: 구강, 직장, 비점막, 피부, 호흡기, 안구 등
2. 독성물질의 흡수 과정 및 체내 분포에 따른 문제점에 대해 학습한 내용을 확인하기 위하여 분리형 장기 모델을 활용하여 흡수와 부작용과 관련된 동물의 각 기관의 구조와 기능을 학습한다.
3. 독성물질의 부작용에 대하여 설명할 수 있도록 기전에 대하여 이해하고 학습한다.
4. 간, 신장 등에서의 독성물질 해독 과정을 이해하기 위하여 분리형 장기 모형을 활용하여 독성물질 해독과 관련된 간과 신장의 구조와 기능을 학습한다.
5. 보호자에게 설명할 수 있도록 독성 물질의 기전과 시간 경과에 따른 흡수와 분포, 해독 및 배설 과정에 대해 조원들끼리 설명하고 토의해 본다.

실습 일지

	실습 날짜	. . .

실습 내용	
토의 및 핵심 내용	

교육내용 정리

복약지도하기

 실습개요 및 목적

이론으로 학습한 독성물질의 종류와 독성 작용 및 부작용을 이해함으로써 동물병원에서 적용 가능한 독성물질 관리 관련 실무 능력을 갖춘 동물보건사의 역량을 함양한다. 또한 독성물질의 안전, 유해작용 및 배출과정에 대하여 보호자에게 설명할 수 있다.

실습준비물

분리형 장기모형 (개, 고양이)	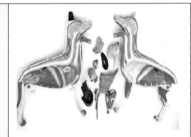	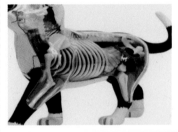

실습방법

1. 약물의 흡수 과정 및 체내 분포에 대해 학습한 내용을 확인하기 위하여 분리형 장기 모델을 활용하여 약물의 흡수와 분포와 관련된 동물의 각 기관의 구조와 기능을 학습한다.
2. 보호자에게 경구제 투약 방법을 설명할 수 있다.
   (1) 강제 투약법 (알약)
      ■ 한 손으로 위턱을 잡고 위쪽과 뒤쪽으로 부드럽게 밀면서 혀의 가장 안쪽으로 약을 넣는다.
      ■ 입을 닫고 코를 약간 위로 들어준다.
      ■ 목의 인두 부위를 부드럽게 마사지하면서 약이 잘 넘어갔는지 확인한다.
   (2) 주사기 사용법
      ■ 주사기에 물과 약을 섞어 동물의 입을 벌려 조금씩 투여한다.

(3) 비강제 투약법

- 동물이 좋아하는 사료나 간식, 영양제를 준비한다.
- 같이 사료나 간식, 영양제에 약을 섞어서 급여한다.
- 동물이 약을 섞은 사료나 간식을 남기지 않았는지 확인한다.

3. 보호자에게 비경구제 투약 방법을 설명할 수 있다.

(1) 물약 형태 안약 투약법

- 투약하는 눈이 어느 쪽 눈인지 확인한다.
- 동물의 등 뒤에서 얼굴이 위를 보도록 잡아서 보정한다.
- 안약의 형태가 현탁액인 경우 사용전 흔들어 준다.
- 고개를 젖힌 뒤 눈과 수평이 되게 만들어 아래 눈꺼풀과 위 눈꺼풀을 당긴다.
- 결막 부위에 안약 투입구가 닿지 않도록 1~2cm 떨어져 점안한다.
- 조심하면서 안약을 떨어뜨린 후 10~30초 정도간 그 자세를 유지한다.

(2) 연고 형태 안약 투약법

- 투약하는 눈이 어느 쪽 눈인지 확인한다.
- 아래 눈꺼풀을 뒤집고 연고 입구로부터 약 1cm 떨어진 뒤에 표면에 퍼지도록 눈꺼풀을 닫는다.
- 너무 과도하게 넣어 시야를 흐리게 하지 않도록 주의한다.

(3) 귀약 투약법

- 동물의 몸을 안고 귀바퀴를 잡고 젖혀서 개방한다.
- 귀약을 귓속으로 적당량 흘려 넣는다.
- 머리를 흔들지 못하도록 잡는다.
- 귀 전체에 약이 퍼지도록 귀 밑 연골을 부드럽게 마사지 한다.
- 귀를 털 수 있게 놓아준다.
- 귓바퀴로 빠져 나온 귀지와 약물을 닦아낸다.

4. 보호자에게 비경구제 투약시 유의점을 설명할 수 있다.

- 안약의 경우 점안액, 현탁액, 연고 세 가지를 모두 사용해야 하는 경우 점안액 – 현탁액 – 연고 타입의 순서대로 점안하도록 설명한다.
- 안약 및 귀약 등은 개봉 날짜와 저장온도 등을 기재하여 보관일 내에 사용하도록 설명한다.
- 포셉, 면봉 등의 도구를 사용하여 귀 안의 약을 닦아내지 못하도록 설명한다.
- 투약 전 손 청결에 유의하도록 설명한다.

실습 일지

	실습 날짜	. . .

실습 내용	
토의 및 핵심 내용	

교육내용 정리

저자

김현주
부천대학교 반려동물과

윤서연
대전보건대학교 펫토탈케어과

감수자

김옥진_원광대
배동화_영진전문대
손부용_장안대
안재범_오산대

오승민_호서대
오희경_장안대
이경동_동신대
정이랑_대구보건대

동물보건 실습지침서
의약품관리학 실습

초판발행	2023년 3월 30일
지은이	김현주·윤서연
펴낸이	노 현
편 집	배근하
기획/마케팅	김한유
표지디자인	이소연
제 작	고철민·조영환
펴낸곳	㈜ 피와이메이트
	서울특별시 금천구 가산디지털2로 53, 210호(가산동, 한라시그마밸리)
	등록 2014. 2. 12. 제2018-000080호
전 화	02)733-6771
f a x	02)736-4818
e-mail	pys@pybook.co.kr
homepage	www.pybook.co.kr
ISBN	979-11-6519-400-0 94520
	979-11-6519-395-9(세트)

정 가   20,000원

박영스토리는 박영사와 함께하는 브랜드입니다.